Les Petites Pommes du Savoir

Michel Hautecouverture

Que fait notre corps de ce que nous MANGEONS?

Les Petites Pommes du Savoir

Éditions
Le Pommier

conception graphique :
Atelier Daniel Leprince
relecture : Valérie Gautheron

Le Pommier, 2008

ISSN : 1625-1245
ISBN 13 chiffres : 978-2-7465-0359-5
239, rue Saint-Jacques, 75005 Paris
www.editions-lepommier.fr

Collection développée avec le concours du ministère de la Culture et de la Communication (Centre national du livre et Cité des sciences et de l'industrie), dans le cadre du Fonds Jules-Verne.

Vous venez de terminer un bon repas qui a donné lieu à d'agréables discussions ou d'avaler un en-cas sur le pouce. Vous vous apprêtez à digérer tranquillement… ou à cavaler de plus belle. Dans un cas comme dans l'autre, il est peu probable que vous prêtiez attention à ce qui se passe en vous. Vous êtes-vous jamais posé la question de ce que fait votre corps des aliments que vous ingérez ? Et dans quelle finalité ? Car manger est bien plus qu'un « simple » plaisir gustatif ou social. Sans alimentation, nous mourrions. C'est une évidence pour chacun de nous et, de ce fait, nous allons rarement au-delà de cet énoncé. Cette Petite Pomme se propose d'éclairer les processus que notre corps met en œuvre pour, perpétuellement, mener à bien cette fonction vitale, condition essentielle de l'existence, au même titre que la respiration et les battements du cœur…

Mise en bouche

Des aliments aux nutriments

Le fait de se nourrir consiste à fournir à l'organisme, outre l'eau dont il a continuellement besoin, les trois **nutriments** nécessaires au fonctionnement correct de l'organisme humain, fondamentalement omnivore : les glucides, les lipides et les protides.

Glucides et lipides apportent l'énergie, les protides contribuent quant à eux essentiellement au développement et au maintien de la charpente musculaire et squelettique.

Les glucides

Les glucides nous fournissent l'énergie immédiatement nécessaire au fonctionnement de tous les constituants de notre corps (du fonctionnement de la cellule à celui des muscles ou du cerveau, et de toutes les machineries que cela implique).

Par conséquent, ils sont très peu stockés, sous forme de glycogène, dans les muscles, qui ne peuvent que les utiliser localement, et dans le foie, qui les distribue à l'ensemble de l'organisme sous forme de **glucose**. Le glucose étant la source énergétique essentielle de notre corps, il en sera souvent question dans cette Petite Pomme !

Les apports alimentaires en glucides sont faits de glucides « simples » (le sucre, le miel, les confitures...) et de glucides « complexes » (l'amidon des glucides d'origine végétale ou le glycogène des glucides d'origine animale). Ces glucides complexes sont apportés par les céréales (pain, riz, pâtes...), les légumes (pommes de terre, carottes...) et les légumineuses (lentilles, haricots...).

Les lipides

Les lipides ont un rôle de réserve énergétique, de stockage pour le relargage en cas de besoin : entre les repas (ce que l'on appelle les **périodes interprandiales**), la nuit ou lors de fortes demandes énergétiques telles que la grossesse, l'allaitement, les exercices physiques intenses ou de longue durée.

Essentiellement destinés à se transformer en énergie (comme les glucides), les lipides sont aussi des constituants structurels des cellules, en particulier de leurs membranes ; ce rôle structurant les rapproche donc des protides. Le cas des cellules nerveuses, les neurones, est exemplaire : le cerveau est constitué de 50 à 70 % de lipides !

Les lipides sont également faits de certains acides gras nécessaires à l'organisme mais qu'il est incapable de synthétiser. Ces **acides gras**, « **essentiels** », servent de matériau de base pour la fabrication d'une immense quantité de substances indispensables au fonctionnement de nombreux mécanismes (tels que la lutte contre l'inflammation ou l'allergie) ou pour la fabrication des substances responsables de la contraction et de la décontraction des vaisseaux ou des mécanismes de la coagulation sanguine.

Majoritairement stockés dans le tissu adipeux sous forme de molécules appelées **triglycérides**, les lipides constituent une réserve énergétique privilégiée. Non seulement leur richesse énergétique est grande

(9 cal/g contre 4 cal/g pour les glucides), mais, comme ils sont hydrophobes (l'huile et l'eau ne se mélangent guère), leur stockage ne nécessite pas d'eau : ils sont donc économiques sur le plan pondéral. Ainsi, une calorie lipidique pèse autour de 125 mg alors qu'une calorie de glycogène en pèse plus de 500, car les molécules qui la composent sont diluées dans de l'eau. C'est notamment grâce aux lipides que l'homme, comme les autres animaux, peut vivre sans s'alimenter pendant quelques heures ou quelques jours, ce qui lui permet de se déplacer et de se couper, ne serait-ce que provisoirement, de ses sources de nourriture (ce qui n'est pas le cas des végétaux).

L'apport alimentaire en lipides est d'origine animale (charcuteries, viandes, laitages, crème fraîche, fromages, graisses, beurre…) ou végétale (huiles, margarine, oléagineux…). Certains produits industriels (chips, pâtisseries, mayonnaise, crèmes glacées…) contiennent des lipides d'origine mixte.

Les protides

Les protides ont un rôle essentiellement plastique, c'est-à-dire de construction : muscle, charpente, fabrication des hormones, des enzymes, anticorps… Ils se composent à partir des acides aminés, issus de la dégradation des protéines. Certains de ces acides aminés sont dits « essentiels » car non synthétisables par l'organisme.

À l'inverse des glucides et des lipides, leur rôle énergétique est accessoire et ne se manifeste qu'en cas de carence glucido-lipidique. En l'absence de glucides et dans l'urgence, les réserves protéiques du corps peuvent être utilisées à des fins énergétiques. Nous y reviendrons.

Je dépense donc je vis

Les besoins quotidiens moyens (définis pour un adulte sédentaire) se situent autour de 370 g de glucides, 65 g de lipides et 70 g de protides.

La valeur calorique se définit pour 1 g de chaque nutriment. Actuellement, on la mesure en joules (1 cal = 4,185 joules). On compte 39 joules par gramme pour les lipides et 17,2 J/g pour les protides ou les glucides. À poids égal, les lipides fournissent donc un apport énergétique double de celui fourni par les glucides et les protides, mais la quantité de glucides consommés est telle que, dans une alimentation normale, l'apport énergétique glucidique domine. Il est en effet de 6 300 joules quotidiens, alors que les lipides n'en apportent que 2 500 et les protides 1 200. Exprimé en pourcentages, cela donne : 63 % de l'apport énergétique fourni par les glucides, 25 % par les lipides et 12 % seulement par les protides. Exprimé en calories, le total se situe autour de 2 200 calories par jour pour un homme et de 2 000 calories par jour pour une femme.

Les dépenses énergétiques auxquelles, en situation normale, ces apports pourvoient se répartissent (pour un individu masculin, adulte, sédentaire) comme suit :

– la dépense énergétique de repos représente autour de 60 à 70 % de la dépense totale sur vingt-quatre heures ;
– la dépense due à l'activité physique représente 10 à 15 % de la dépense totale sur vingt-quatre heures ;
– la thermorégulation (façon de se protéger du chaud et du froid) représente 2 à 3 % de la dépense énergétique sur vingt-quatre heures ;

– la dépense liée à l'alimentation elle-même, c'est-à-dire à tous les processus qu'elle met en jeu, correspond à peu près à 15 % de la dépense énergétique globale sur vingt-quatre heures.

Nous voyons ainsi que ce que nous appelons « énergie » est, pour la matière vivante comme pour une machine quelconque, une fonction abstraite qui mesure la capacité à produire du travail, à opérer des transformations, à provoquer du mouvement ou de la chaleur, etc. Cela pour dissiper tout malentendu de nature ésotérique… L'énergie physiologique minimale est ce que l'on appelle le « métabolisme de base quantité mesurable ».

La correspondance entre les apports de notre alimentation et ces dépenses énergétiques est assurée par notre métabolisme. Mais avant de voir comment ce dernier stocke et fournit l'énergie dont nous avons besoin pour vivre, un petit voyage dans le tube digestif nous permettra de visualiser le périple des nutriments, source de cette fameuse énergie.

Par où ça passe…

L'appareil digestif transforme aliments et boissons en toutes petites particules capables de traverser la paroi de l'appareil digestif afin de passer dans le sang. Ainsi, chacune des cellules qui composent l'organisme peut y puiser les éléments d'origine alimentaire qui lui sont nécessaires. Les résidus, non assimilables, sont rejetés.

La digestion se fait tout au long du tube digestif, qui commence par la bouche et se poursuit par l'œsophage, l'estomac, l'intestin grêle puis le côlon ; ce dernier s'élargit dans sa partie terminale, formant le rectum dont l'orifice est l'anus.

Le tube digestif est irrigué par une grande quantité de sang qui arrive dans des artères et repart dans des veines. La paroi interne de ce tube est une membrane fine appelée « muqueuse digestive ». Elle tapisse tout le tube digestif et à sa surface ont lieu les échanges entre les produits de l'alimentation et le milieu intérieur du reste du corps.

La digestion commence dans la bouche. Les dents entament le travail de dégradation physique des aliments solides. Pendant la mastication, les aliments sont imprégnés de salive. Celle-ci contient une **enzyme** (les enzymes sont ces composés chimiques qui permettent ou facilitent les différentes réactions chimiques permettant le passage d'une molécule à une autre, par exemple, à l'intérieur de l'organisme) appelée « amylase » qui scinde les glucides complexes (amidon) en glucides plus simples ; là se trouve le véritable début de la digestion des glucides.

Lorsque les aliments sont avalés, ils passent par le pharynx et l'œsophage, qui ne sont qu'une voie d'acheminement vers l'estomac et n'ont pas de rôle digestif. Dans l'estomac, sorte de poche en forme de J, ou de sac de cornemuse, les aliments baignent dans le liquide gastrique sécrété par la muqueuse de l'estomac. Des enzymes vont attaquer les protéines qu'elles décomposent en acides aminés. Plongés dans le liquide gastrique, les aliments sont également soumis à une action mécanique : les contractions de l'estomac les malaxent et contribuent à les briser en morceaux toujours plus petits.

Les aliments se trouvent maintenant sous forme d'une « purée » liquide et brunâtre appelée « chyme gastrique » ; elle a mis environ deux heures à se former et passe par petites quantités successives dans l'intestin grêle grâce à l'action d'un petit muscle en forme de bague appelé « pylore » qui en commande l'ouverture et la fermeture.

Le début de l'intestin grêle est appelé « duodénum ». Il reçoit la bile et le suc pancréatique. La première est produite par le foie et sert essentiellement à la digestion des graisses. Le second, sécrété par le pancréas, est riche en enzymes, ce qui lui permet d'agir sur les trois composantes alimentaires (les graisses, les protéines et les glucides) en sectionnant les grosses molécules.

L'absorption est le stade final, au cours duquel les molécules alimentaires sont réduites au plus simple et passent dans les cellules de la muqueuse intestinale puis pénètrent dans le courant sanguin veineux. Chargé des éléments nutritifs absorbés, le sang parvient ensuite au foie par la veine porte.

Le foie utilise et modifie bien des molécules d'origine alimentaire qui lui parviennent. Il utilise notamment le glucose venu du tube digestif pour synthétiser une grosse molécule de stockage du sucre appelée **glycogène**. Tant que l'alimentation apporte du sucre, le foie continue son stockage. Lorsque les cellules de l'organisme ont consommé le glucose qui circule dans le sang (donc que la concentration du glucose dans le sang, ou **glycémie**, tend à diminuer), le foie dégrade le glycogène en glucose qu'il relargue dans le sang. Nous reviendrons sur ce mécanisme essentiel.

Le foie est donc le carrefour obligatoire de tous les éléments nutritifs absorbés par la muqueuse de l'intestin grêle, à l'exception d'une partie des graisses : en effet, ces molécules alimentaires, après leur absorption, ne rejoignent pas toutes la veine porte, mais les canaux lymphatiques qui entourent le tube digestif.

À la fin de l'intestin grêle, tous les aliments nutritifs ont été absorbés et seuls les déchets parviennent au côlon. Nous ne nous étendrons pas sur ce qui se passe ensuite du côlon à l'anus.

L'essentiel est ici de comprendre que l'ensemble des aliments ingérés a alimenté l'organisme en lipides, glucides et protides : à ce moment le repas a fourni, en quantité suffisante, l'énergie immédiatement utilisée (glucides) ou stockée (lipides). Le moment est venu d'appréhender les rouages du métabolisme énergétique, pour comprendre comment ce dernier, à partir des nutriments apportés par les aliments, gère les stocks et les dépenses...

Le métabolisme énergétique

Contrairement aux idées reçues, nous n'utilisons que très peu ce que nous mangeons : nous stockons la plus grande partie de l'énergie fournie par les aliments. En dehors des repas, notre organisme puise dans ces réserves énergétiques soit en les utilisant directement, soit en les transformant pour une meilleure utilisation (un processus que l'on appelle la **synthèse *de novo***). Cela lui permet d'assurer les besoins minimaux de travail (fonctionnement musculaire, respiratoire, cardiaque, de thermogenèse, c'est-à-dire de production continue et régulière de chaleur) et de garantir ses propres ressources en glucose, seules susceptibles d'être utilisées par les tissus dits « glucodépendants » (essentiellement le système nerveux et les reins). Exemples extrêmes et dramatiques, les camps de concentration nazis ou les goulags soviétiques ont démontré que les êtres humains pouvaient travailler et survivre (fonctionnement cérébral inclus) pendant de longues périodes sans apports alimentaires caloriques, l'organisme possédant les ressources à la fois en stock et en synthèse *de novo* pour assurer ces fonctions fondamentales.

Le stockage et le déstockage (la fourniture) de l'énergie mettent en jeu deux types de processus : l'anabolisme et le catabolisme.

L'**anabolisme** consiste à transformer des composés simples en composés complexes, les différentes étapes de cette transformation (la synthèse du glucose en glycogène, par exemple) consommant de l'énergie ; le **catabolisme** consiste à réaliser le processus inverse, c'est-à-dire à transformer des composés complexes en composés simples (comme dégrader le glycogène en glucose), les différentes étapes de ce processus fournissant de l'énergie.

Ces deux processus définissent les voies du métabolisme énergétique. Les voies mettant en jeu l'anabolisme sont la glycogénogenèse et la lipogenèse (respectivement synthèse du glycogène et des graisses). Celles mettant en jeu le catabolisme sont la glycolyse, la glycogénolyse et la lipolyse (respectivement la dégradation du glucose, du glycogène et des graisses). À partir de cette dégradation pourra se faire un **anabolisme secondaire** : ce sera le cas de la néoglucogenèse et de la cétogenèse (respectivement synthèse du glucose et des corps cétoniques).

Trente Petites Pommes ne suffiraient pas à restituer l'extraordinaire complexité du métabolisme énergétique, mais cette Petite Pomme-ci va tenter d'en présenter les voies dans leurs caractéristiques principales.

Pour obtenir ce tableau d'ensemble, nous nous attacherons aux pas de celle qui commande le bon fonctionnement du métabolisme énergétique : l'insuline.

L'insuline, hormone du stockage

Contrairement à l'avis banalement répandu, le rôle premier de l'insuline n'est pas de faire baisser la glycémie (le taux de glucose dans le sang), mais de faire stocker l'ensemble des nutriments.

De nombreuses hormones sont nécessaires au bon fonctionnement de l'organisme, mais l'insuline est la seule dont le corps ne puisse se passer plus de quelques jours. Lorsqu'elle n'est plus du tout sécrétée par le pancréas, l'individu développe rapidement une maladie qui, en l'absence de traitement, est mortelle à court terme : le diabète sucré de type I (également appelé diabète « insulinodépendant »).

Lorsque nous mangeons, l'ingestion d'aliments stimule la sécrétion d'insuline, selon trois processus différents. Le premier est déclenché par la vue et l'odeur des aliments ; le deuxième est dû à un ensemble d'hormones appelées « hormones pariétodigestives » sécrétées par un système hormonal situé dans la paroi du tube digestif ; le troisième est dû à l'augmentation, dans le sang, des produits issus de la digestion des aliments, principalement du glucose.

Sécrétée par le pancréas, l'insuline se déverse dans la veine porte, qui la conduit directement au foie, premier site de son action.

Une partie du glucose issu de la digestion est immédiatement utilisée par l'organisme, c'est la **glycolyse**. En présence d'insuline, une autre partie de ce glucose se fixe dans le foie et s'y accumule sous forme de glycogène. Cette accumulation de glucose sous forme de glycogène, déjà évoquée au cours de la visite « digestive », constitue une réserve d'énergie de stockage.

Mais le rôle anabolique de l'insuline ne se limite pas à la fixation du glucose dans le foie : si 80 % de l'insuline qui arrive au foie y est détruite après son action, les 20 % restants se répandent dans l'organisme et atteignent toutes ses cellules. En se fixant sur leurs membranes, l'insuline autorise alors la pénétration dans les cellules de la totalité des éléments nutritifs (glucides, lipides et protides) nécessaires au bon fonctionnement de ces dernières, qui les utilisent immédiatement ou les stockent.

L'insuline aide ainsi à la pénétration du glucose dans les muscles. Ces derniers sont capables de le stocker après l'avoir transformé en glycogène musculaire qu'ils consomment en cas de besoin d'énergie. À l'inverse du glycogène stocké dans le foie, qui distribue le glucose à la totalité de l'organisme, le glycogène musculaire ne fournit le glucose qu'aux muscles.

Ce stockage du glucose, sous forme de glycogène, dans le foie et les muscles, illustré ici de façon très schématique s'appelle la **glycogénogenèse**.

L'insuline joue également un rôle clé dans le stockage des graisses, ce que l'on appelle la **lipogenèse**. Ce stockage se fait préférentiellement sous forme de triglycérides (un triglycéride comporte trois molécules d'acide gras fixées sur une molécule de glycérol). Ces derniers peuvent avoir une origine alimentaire ou être synthétisés à partir des glucides ingérés, quand ceux-ci ne sont pas immédiatement consommés et participent à l'activité de stockage. L'insuline aide alors à la pénétration du glucose dans les cellules adipeuses, les adipocytes. À l'intérieur de ces cellules, le glucose est métabolisé en triglycérides. Le tissu adipeux comporte de 60 à 90 % de son poids en triglycérides. Un sujet de poids normal (75 kg) possède 15 kg de tissus adipeux, soit 20 % de son poids, ce qui représente à peu près 140 000 calories de réserves énergétiques. Cela lui permettrait théoriquement une survie moyenne de deux mois au plan énergétique en l'absence d'apports extérieurs. (À poids et taille identiques, la femme possède un stock adipeux plus important que son alter ego masculin. Il en découle des réserves énergétiques accrues. Il est possible que l'éventualité de grossesse, avec ce que cela implique de coût énergétique, en soit une des explications.)

En dehors des repas

Que se passe-t-il en dehors des périodes de repas et d'apport direct de glucose ? Comment les stocks sont-ils utilisés ? Nous allons voir que les nutriments stockés peuvent être utilisés directement ou indirectement.

En l'absence de prise alimentaire, le glycogène stocké dans le foie (grâce à l'insuline) est dégradé (catabolisé) par ce dernier en glucose grâce à une autre hormone, le glucagon. C'est la **glycogénolyse**. Cependant ce glucose stocké dans le foie, s'il est à la disposition de l'ensemble du corps, ne constitue pas une grosse réserve : il ne fournit notamment pas l'énergie nécessaire pour la nuit (les 8 à 12 heures de ce que l'on appelle le « jeûne nocturne ») au cerveau et au système nerveux (et à d'autres tissus dits « glucodépendants » sur lesquels nous n'allons pas tarder à revenir). Le glucose peut alors être obtenu, non plus par dégradation du glycogène, mais par synthèse, à partir de composés plus simples : c'est la **néoglucogenèse**. Ce processus, l'un des plus complexes et des plus importants processus du métabolisme énergétique, illustre à quel point processus anabolitiques et catabolitiques sont étroitement liés.

Le glucagon et d'autres hormones dites « lipolytiques » vont dégrader (cataboliser) les triglycérides stockés dans le tissu adipeux, libérant du glycérol et des acides gras. C'est la **lipolyse**. (L'insuline est la seule substance physiologique capable d'inhiber la lipolyse. Même en quantité minime, la sécrétion d'insuline, par son rôle anabolisant, exerce un frein constant sur les processus de catabolisme global.)

Le glycérol contribue pour 5 à 10 % au glucose formé par **néoglucogenèse** (qui sera alors dite **d'« origine lipidique »**). Les acides gras seront quant à eux en partie récupérés par les adipocytes pour resynthétiser des triglycérides. Ceux qui ne sont pas récupérés sont dégradés et fournissent une grande quantité d'énergie à l'organisme (notamment pour effectuer cette néoglucogenèse).

Du glucose peut également être produit à partir des protides du tissu musculaire : la **protéolyse** (mécanisme catabolitique) va mettre en circulation les acides aminés qui composent les protides, et ces acides aminés seront capturés par le foie. Mais cette **néoglucogenèse hépatique d'origine protidique** ne se produit qu'en cas de carence alimentaire globale, non sans causer des dommages à l'organisme.

La quantité de glucose produite par ces deux mécanismes de néoglucogenèse peut dépasser les 200 grammes par jour chez un adulte. Nous y reviendrons.

Certains tissus sont totalement dépendants du glucose : ce sont les globules rouges et blancs, une zone particulière des reins appelée « médullaire rénale » et la muqueuse intestinale, deux zones très importantes d'absorption des nutriments (la **médullaire rénale** étant la zone où s'échangent les ions, notamment sodium et potassium, sans lesquels l'organisme mourrait par déshydratation).

La musculature consomme du glucose lors d'un exercice intense. En période de jeûne prolongé, notre organisme détournera la consom-mation de glucose des tissus qui ne sont pas rigoureusement glucodépendants vers les tissus glucodépendants et les réservera à eux seuls. Les autres tissus de l'organisme sont capables de consommer indifféremment du glucose, des acides gras ou encore des corps cétoniques – ainsi du système nerveux, qui utilise préférentiellement le glucose mais qui, en cas de jeûne prolongé, s'adapte parfaitement à la consommation des corps cétoniques. Ces derniers sont même responsables d'une stimulation des fonctions cérébrales. (On comprend là – physiologiquement parlant – que le jeûne ait pu, de tout temps, être utilisé comme un moyen de parfaire le niveau du fonctionnement cérébral. Il n'est évidemment pas question d'avancer plus dans ce domaine, sans risquer de tomber dans le déterminisme le plus vulgaire qui soit…)

Composants normaux du sang, les **corps cétoniques** proviennent de la destruction des acides gras circulants. (On qualifie de « circulants » les nutriments qui font le lien entre les apports énergétiques en provenance de l'alimentation ou des stocks et les cellules consommatrices d'énergie. Ils circulent dans l'ensemble des liquides extracellulaires, c'est-à-dire les liquides occupant les espaces intercellulaires, notamment le sang, et les liquides dits « transcellulaires » (liquide céphalorachidien entourant le système nerveux central, lumière intestinale, etc.). Ils ne représentent qu'un stock infime de calories disponibles. Les calories circulantes sont pour les acides gras, de 0,303 grammes, soit 3 calories, à comparer avec les 140 000 calories des lipides stockés !) Substrats énergétiques, au même titre que le glucose, les corps cétoniques peuvent être utilisés selon les circonstances par le cerveau en cas de jeûne, nous venons de le voir, et par l'ensemble de la musculature, cœur compris, en temps normal. Le processus de synthèse des corps cétoniques s'appelle la **cétogenèse**.

Toutes les voies que nous venons brièvement et très succinctement de parcourir sont étroitement liées les unes aux autres par un système de régulation commandé par des fonctions diverses. Selon l'état nutritionnel de l'organisme, c'est-à-dire selon qu'il est nourri ou à jeun, il mettra en jeu tel ou tel type de voie. En outre, toutes ces voies n'existent pas en même temps dans tous les tissus. Véritable « usine centrale », le foie, seul, possède toutes les voies métaboliques. (Petite remarque physiologique au passage : la glycémie du matin, au réveil, ne reflète en aucun cas l'effet de l'alimentation de la veille au soir mais témoigne du rapport entre la consommation de glucose par l'organisme et la production hépatique de ce glucose, par glycogénolyse et néoglucogenèse.)

En 1970, le physiologiste américain George F. Cahill a pu établir que, chez un homme adulte de 70 kg à jeun depuis vingt-quatre heures, qui, comme nous l'avons vu, a une dépense globale de 1 800 cal par jour, 180 g de glucose par jour sont produits, par néoglucogenèse essentiellement et par glycogénolyse accessoirement :

– 144 g sont utilisés par le système nerveux qui les oxyde complètement ;
– les 36 g restants sont utilisés par les globules rouges et la médullaire rénale, ainsi que par la musculature squelettique au travail.

L'organisme consomme dans le même temps 75 g de protéines et 160 g de triglycérides. Les acides aminés (qui proviennent des protéines) et le glycérol (issu des triglycérides) sont convertis en glucose dans le foie tandis que les acides gras sont utilisés comme substrats énergétiques par tous les autres tissus, directement ou après leur transformation en corps cétoniques par le foie.

Conclusion

Pour conclure ce tour d'horizon succinct, il nous paraît important d'insister sur deux points.

Premier point, largement évoqué dans cette Petite Pomme, nous sommes programmés essentiellement pour stocker ce que nous mangeons, héritage lointain et définitif des temps reculés où la quête alimentaire était ardue et les périodes de disette longues. En l'absence de toute alimentation, nous pouvons survivre jusqu'à un mois. Les grèves de la faim périodiques nous le rappellent.

En ces temps de pléthore alimentaire quantitative et qualitative, cette capacité innée pose aujourd'hui le problème du surpoids et de l'obésité. Je ne peux pas manger ce que je désire quand je le désire : les réalités biologiques auxquelles nous sommes soumis sont têtues et échappent au prima du désir et des affects qui dictent actuellement nos conduites.

Autre réalité biologique, et ce sera notre second point, la nécessité d'une alimentation associant les trois types de nutriments. Car l'alimentation mixte (glucides + lipides + protides) présente le rendement optimal en termes d'efficacité sur tous les plans, en particulier vis-à-vis de la sécrétion d'insuline ainsi induite : lorsque les trois formes de nutriments sont associées, la sécrétion d'insuline est maximale, ce qui entraîne une meilleure assimilation cellulaire des nutriments. Dans les pays riches, notre alimentation banalement diversifiée nous apporte largement tout ce dont nous avons nutritionnellement besoin. Et pourvu que nous lui fournissions une alimentation équilibrée et variée, notre corps organise lui-même, indépendamment de notre volonté, l'ensemble des fonctions nécessaires à sa vie normale. Point n'est besoin d'adjonction quelconque, contrairement à ce que nous susurre une pensée que nous pouvons qualifier de « magique », à grand renfort de publicité pour les compléments alimentaires, les poly-vitamines ou les supplémentations en oligo-éléments... Point non plus n'est besoin d'un retour à une alimentation vantée comme « naturelle ». Un fruit cultivé de main d'homme, qui aura bénéficié de nombreux tris et sélections, est infiniment plus nutritif qu'un fruit sauvage…

Apprenons ou réapprenons à vivre l'émerveillement de l'organisation générale de notre corps. Ce dernier s'en trouvera parfaitement serein…

Bibliographie

Michel Hautecouverture, *Sommes-nous dépendants de nos hormones ?*, « Les Petites Pommes du savoir », n°47
– *Y a-t-il un bon régime ?*, « Les Petites Pommes du savoir », n°25
Deux ouvrages plus complexes :
Le Livre de la médecine, sous la direction de Michel Serres et Nayla Farouki, Le Pommier, 2001 (articles « métabolisme énergétique », « alimentation », « insuline »…)
Hervé Barré , Joseph Chatonnet , Yvon Le Maho , Jean-Louis Valatx, *Physiologie énergétique*, Belin, « Belin sup », 2001

Table des matières

Les
Petites Pommes
du Savoir

n°1. *Le Temps existe-t-il?* Étienne Klein
n°2. *Cloner est-il immoral?* Laurent Degos
n°3. *Pourquoi la mer est-elle bleue?* Pierre Laszlo
n°4. *Peut-on guérir le cancer avec des OGM?* Louis-Marie Houdebine
n°5. *Le Climat est-il devenu fou?* Robert Sadourny
n°6. *Dopés, victimes ou coupables?* Françoise Siri
n°7. *Peut-on croire les sondages?* Gilles Dowek
n°8. *La Radioactivité est-elle réellement dangereuse ?* Jean-Marc Cavedon
n°9. *En amour, sommes-nous des bêtes?* Michel Serres
n°10. *Algues, lapins, termites... Quelles espèces nous menacent?* Michel Lamy
n°11. *Quel avenir pour le développement durable?* Dominique Bourg
n°12. *Voulez-vous jouer avec les maths?* Gilles Dowek
n°13. *Peut-on boire l'eau du robinet?* Pierre Laszlo
n°14. *Peut-on voyager dans le temps?* Gabriel Chardin
n°15. *Pourquoi le Soleil brille-t-il?* Alain Bouquet
n°16. *Faut-il légaliser l'euthanasie?* Michel Hautecouverture

n°17. *Faut-il allaiter son enfant?*
Louis-Marie Houdebine
n°18. *Pourquoi la nuit est-elle noire?*
Jean-Michel Alimi
n°19. *Le singe est-il le frère de l'homme?* Pascal Picq
n°20. *Hommes, femmes, sexuellement compatibles?*
Lucien Chaby
n°21. *D'où vient la vie?* Marie-Christine Maurel
n°22. *Les odeurs nous parlent-elles?* Pierre Laszlo
n°23. *Doit-on croire au big bang?* Alain Bouquet
n°24. *Qu'est-ce qu'une goutte d'eau?* David Quéré
n°25. *Y a-t-il un bon régime?*
Michel Hautecouverture
n°26. *Pourquoi les feuilles sont-elles vertes?*
Paul Mathis
n°27. *À quoi sert la bioéthique?* Jean-Paul Thomas
n°28. *Peut-on encore manger sans peur?* Pierre Feillet
n°29. *Peut-on croire la météo?* Robert Sadourny
n°30. *Combien de particules dans un petit pois?*
François Vannucci
n°31. *L'énergie nucléaire a-t-elle un avenir?*
Hervé Nifenecker
n°32. *Comment peut-on être ado?*
Nicole Vacher-Neill
n°33. *Combattre l'effet de serre nous mettra-t-il sur la paille*? Roger Guesnerie
n°34. *La science nous menace-t-elle?* Étienne Klein
n°35. *Pourquoi les avions volent-ils?*

Jean-Baptiste Touchard
n°36. *Faut-il avoir peur des maths?* Benoît Rittaud
n°37. *Pourquoi les oiseaux ont-ils des ailes?* Anne Teyssèdre
n°38. *Pourquoi n'y a-t-il pas d'étoiles vertes?* Alain Bouquet
n°39. *La dépression, peut-on en guérir?* Christian Spadone
n°40. *Peut-on faire revivre le mammouth?* Pascal Tassy
n°41. *Comment rêvons-nous?* Isabelle Arnulf
n°42. *Qu'est-ce que l'animal?* Georges Chapouthier
n°43. *Que doit-on craindre d'un accident nucléaire?* Roland Masse
n°44. *Les bactéries sont-elles nos ennemies ?* John Herrick
n°45. *Les énergies renouvelables ont-elles un avenir?* Paul Mathis
n°46. *Des robots doués de vie ?* Agnès Guillot et Jean-Arcady Meyer
n°47. *Sommes-nous dépendants de nos hormones?* Michel Hautecouverture
n°48. *Qu'est-ce qu'une rose?* Christian Dumas
n°49. *Comment marche Internet?* Françoise Virieux
n°50. *Pourquoi le chat ronronne-t-il?* François Moutou
n°51. *L'homme est-il au centre de l'Univers?* François Vannucci

n°52. *Nos horloges biologiques sont-elles à l'heure ?* Alain Reinberg
n°53. *Jusqu'où la mer va-t-elle monter?* Roland Paskoff
n°54. *Quelle est la vraie vitesse de la lumière ?* Jean-Louis Bobin
n°55. *Peut-on vaincre le cancer ?* Laurent Degos
n°56. *Y a-t-il d'autres planètes habitées dans l'Univers ?* Pascal Bordé
n°57. *Pourquoi la marmotte hiberne-t-elle ?* André Malan
n°58. *Qu'est-ce qu'un gène ?* Charles Auffray
n°59. *Qu'y a-t-il dans un réacteur nucléaire ?* Jean-Marc Cavedon
n°60. *Comment voyons-nous ?* Sylvie Chokron et Christian Marendaz
n°61. *Pourquoi les rivières débordent-elles ?* Vazken Andréassian
n°62. *Pourquoi les mammifères ne pondent-ils pas d'œufs ?* François Moutou
n°63. *Qu'est-ce que la relativité ?* François Vannucci
n°64. *Les nanotechnologies doivent-elles nous faire peur?* Louis Laurent et Jean-Claude Petit
n°65. *Qu'est-ce qu'un prion?* Corinne Ida Lasmézas
n°66. *D'où viennent les tempêtes?* Robert Sadourny
n°67. *Qu'est-ce qu'un nombre?* Benoît Rittaud
n°68. *Qui sont vraiment nos lointains ancêtres ?* Bruno Maureille et Pascal Murail

n°69. *Comment entendons-nous?* Gérald Fain
n°70. *Pourquoi les oiseaux chantent-ils?*
Vincent Bretagnolle
n°71. *Les plages vont-elles disparaître?*
Roland Paskoff
n°72. $E = mc^2$? Jean-Louis Bobin
n°73. *Pourquoi la Terre tourne-t-elle?*
Emmanuel Di Folco
n°74. *La musique est-elle une science ?*
Alain Schuhl et Jean-Luc Schwartz
n°75. *Qu'est-ce qu'un trou noir?* Pascal Bordé
n°76. *Allons-nous manquer d'eau?*
Vazken Andréassian et Jean Margat
n°77. *D'où vient la lumière laser?* Evelyne Gil
n°78. *Quelles solutions pour nos déchets nucléaires?*
Stéphane Gin
n°79. *Les animaux sont-ils intelligents ?*
Dominique Lestel
n°80. P*eut-on préserver la biodiversité ?*
Bruno Fady et Frédéric Médail
n°81. *L'aspirine, pour ou contre ?*
Marie-Germaine Bousser
n°82. *Qu'est-ce qu'un neurone ?* Bernard Calvino
n°83. *Comment la réalité peut-elle être virtuelle?*
Rodolphe Gelin
n°84. *Nos rivières sont-elles devenues des poubelles ?*
Christian Lévêque
n°85. *Pourquoi les forêts brûlent-elles ?*

Michel Vennetier
n°86. *Qu'y a-t-il sous les volcans ?* Pierre Nehlig
n°87. *Comment pousse un arbre ?* Bernard Thiébaut
n°88. *Que cache l'électron ?* Jean-Louis Bobin
n°89. *Peut-on prévoir les tsunamis ?*
Hélène Hébert et François Schindelé
n°90. *Le robot, ami ou ennemi ?* Rodolphe Gelin
n°91. *Le trou dans la couche d'ozone est-il rebouché?*
Didier Hauglustaine
n°92. *Qu'est-ce que la flèche du temps ?*
Gabriel Chardin
n°93. *Pourquoi les plantes ont-elles des fleurs?*
Bernard Thiébaut
n°94. *Hommes, femmes, avons-nous le même cerveau ?* Catherine Vidal
n°95. *Quel avenir pour les biocarburants ?*
Paul Mathis
n°96. *En amour sommes-nous des femmes ?*
Florence Ehnuel
n°97. *De la parole au chant, qu'est-ce que la voix ?*
Gérald Fain
n°98. *La loi des séries, hasard ou fatalité ?*
Élise Janvresse et Thierry De la rue
n°100. *100 Questions de sciences à croquer.* Collectif
n°101. *Le neutrino, particule ordinaire ?*
Thierry Stolarczyk

Achevé d'imprimer sur rotative
par l'imprimerie Darantiere à Dijon-Quetigny
en février 2008

N° éditeur : 0359-01/1
Dépôt légal : mars 2008
N° d'impression : 28-0327

Imprimé en France